ABHANDLUNGEN DER DEUTSCHEN AKADEMIE
DER WISSENSCHAFTEN ZU BERLIN

Klasse für Mathematik, Physik und Technik
· Jahrgang 1956, Nr. 3

WERNER ALBRING

AUFGABEN UND MÖGLICHKEITEN DER STRÖMUNGSLEHRE BEI DER ENTWICKLUNG DES MASCHINENBAUES

Mitteilungen der Sektion für Maschinenbau

1957

AKADEMIE-VERLAG · BERLIN

Vorgetragen auf der 2. Sitzung 1956 der Sektion für Maschinenbau am 8. 2. 1956
Vorgelegt von Hrn. A. Jante in der Gesamtsitzung vom 6. September 1956
Zum Druck genehmigt am gleichen Tage, ausgegeben am 31. 5. 1957

Erschienen im Akademie-Verlag GmbH., Berlin W 8, Mohrenstraße 39
Lizenz-Nr. 202 · 100/144/57
Satz und Druck: Druckhaus „Maxim Gorki", Altenburg
Bestell- und Verlagsnummer: 2001/56/I/3
Preis: DM 3,80
Printed in Germany

Übersicht

Industrielle Entwicklungen werden wesentlich unterstützt durch die Forschungsarbeit. Anfragen aus dem industriellen Bereich der DDR gaben Anregung zu manchen neuen Lösungsmethoden. Spezielle Untersuchungen des Institutes für angewandte Strömungslehre der T. H. Dresden zur Gitteraerodynamik, über Diffusoren, Zyklone, Wasserturbinen und Strahlpumpen werden besprochen.

Eine enge Verbindung zwischen Ingenieurwissenschaft und angewandter Mathematik, zu der schon dem Studierenden die Grundlagen geboten werden sollen, wird empfohlen.

Inhaltsverzeichnis

1 Der Arbeitsbereich

Man hört auch heute noch von nicht unmittelbar Beteiligten die Äußerung, daß die Strömungslehre ihre Anwendungen in der Flugtechnik zu suchen habe. Richtig ist zwar, daß diese Wissenschaft sehr gefördert worden ist durch Mittel zur Luftfahrtforschung, die von staatlichen Stellen sowie Industriewerken in der ersten Hälfte dieses Jahrhunderts bereitgestellt wurden, und daß ihre Methoden dabei weit entwickelt worden sind. Aber auch der Maschinenbau braucht an vielen Stellen den Strömungsingenieur. Turbinen, Turbopumpen und Verdichter, Fahrzeugstromlinien-Karosserien, Rohrleitungen und Kanäle, der pneumatische und der hydraulische Transport sind nur einige Stichworte aus diesem Arbeitsgebiet, in dem man Fragen nach Kräften, Momenten und Drucken an umströmten Bauteilen stellt sowie eine Gestaltung erstrebt, die minimalen Gesamtdruckabfall, also kleine Strömungsverluste, liefern soll.

Ich habe mir das Ziel gesteckt, die Strömungslehre weiter als bisher für den Maschinenbau nutzbar zu machen, und arbeite in diesem Sinne seit 1952 in meinem Institut bei der Technischen Hochschule Dresden auf theoretischem und experimentellem Gebiet, um den vielfältigen Anforderungen der Maschinenbau-Industrie und der Entwicklungsstellen zu entsprechen. Eine Konzentration auf die Aufgaben wurde mir erleichtert, weil Anfragen aus dem Flugzeugbau und Schiffbau zu den Spezialinstituten in Dresden und Rostock gelenkt werden konnten. Probleme der Strömungslehre werden auch von mathematischen Instituten bei der Deutschen Akademie der Wissenschaften in Berlin, den Instituten für angewandte Mathematik an den Universitäten Jena und Halle sowie an der Technischen Hochschule Dresden aufgegriffen. Im Aufbau befindet sich ein Institut für Strömungsmaschinen bei der neuen Technischen Hochschule in Magdeburg.

Eine enge Zusammenarbeit ergab sich mit der Forschungs- und Versuchsanstalt für Strömungsmaschinen in Dresden (FVAS), in der viele Typen von Strömungsmaschinen entwickelt werden und auch der Grundlagenforschung ein weites Betätigungsfeld geboten ist. Die experimentelle Ausrüstung der FVAS und meines Hochschulinstitutes ist befriedigend, sie wird weiter ausgebaut. Jedoch fehlt dem Maschinenbau der DDR ein großer Windkanal für Modelluntersuchungen über die Luftkräfte von Automobilen, Schnelltriebwagen, Kranen und Großabraumbrücken, Helligen sowie besonderen Baukonstruktionen. Die Windkanäle für Flugzeuguntersuchungen bieten keinen Ersatz, da diese mit anderen Spezialausrüstungen versehen sind als sie der Maschinenbau braucht.

2 Zusammenwirken von Ingenieurwissenschaft und Mathematik

Die Strömungslehre benutzt zu ihren Untersuchungen und Entwicklungen gleichmäßig das Experiment und die mathematische Darstellung. Gute Beispiele für nutzvolle Anwendungen bieten die systematischen, erfolgreichen Untersuchungen zur Entwicklung von Schaufeln hohen Wirkungsgrades, die für Axialverdichter während des Krieges in Deutschland vorgenommen wurden. Nicht auf allen technischen Arbeitsgebieten wird die Mathematik so stark wie in der Strömungslehre benutzt. Ich möchte deshalb einige Bemerkungen über den Nutzen der Mathematik bei der technischen Entwicklung und über die Zusammenarbeit machen.

Als einer der Begründer der angewandten Mathematik gilt FELIX KLEIN (1849—1913). Gestatten Sie mir, daß ich hier aus einem 1930 veröffentlichten Aufsatz von Th. von KARMAN zitiere, der selbst große Verdienste erwarb um den Einsatz der Mathematik in der Strömungslehre.

„Den äußeren Anstoß für die Göttinger Bewegung zur Schaffung der modernen angewandten Mathematik gab die Amerikareise FELIX KLEINs im Jahre 1893. Nicht etwa, daß KLEIN die angewandte Mathematik aus Amerika importierte, denn aus Amerika war keine angewandte Mathematik zu importieren. Es ist eine merkwürdige Tatsache, daß das große Volk der Vereinigten Staaten, welches in der Technik zweifellos vor allen anderen Nationen an erster Stelle steht, die rein abstrakte Mathematik pflegt und bisher wenigstens kein ernstes Bedürfnis für die angewandte Mathematik zeigte.

Mit Rücksicht auf die reichen Hilfsmittel des Landes ist die dortige Technik viel weniger darauf angewiesen, aus dem Material und aus dem Energievorrat das letzte herauszuholen; diese Aufgaben verlangen aber erst die genauere Vorausberechnung und somit die Hilfe der angewandten Mathematik.

Was indessen KLEIN erkannte und was seitdem ein Gemeinplatz geworden ist, aber trotzdem seinem klaren Blick zur Ehre gereicht, ist die Tatsache, daß neben den mächtigen Ausmaßen, den mächtigen Hilfsquellen der amerikanischen Technik eine europäische Industrie nur dann bestehen kann, wenn sie bei ihren Konstruktionen bezüglich Wirkungsgrad und Materialersparnis eine Überlegenheit behält. Dies scheint wieder nur dann möglich zu sein, falls man mit Hilfe von Chemie, Physik, Mechanik, Mathematik, die Exaktheit in der Erkenntnis der technischen Vorgänge, die Exaktheit der Vorausberechnung nach Möglichkeit zu steigern vermag."

Die heutige Situation bietet sich folgendermaßen:

Die Mathematik hat in weiten Bereichen der Technik Anerkennung und Anwendung gefunden. Natürlich nützen auch die Amerikaner ihre Möglichkeiten; denn wirtschaftlicher Zwang macht bei technischer Entwicklung eine Vorausberechnung zur äußersten Ausnutzung von Material und Energieinhalt notwendig.

Die Ingenieure haben erkannt, daß mathematische Formulierung und Deduktion zu außerodentlich praktischen Zusammenfassungen führt, daß man zu sicheren Voraussagen von noch unerprobten speziellen Auslegungen im Rahmen eines in den physikalischen Grundlagen erforschten und gesicherten Gebietes kommen kann. Doch bleibt die mathematische Betätigung des Ingenieures in der Regel nur einseitig. Er bricht häufig nach der speziellen Lösung die Rechnung ab. Daher ist es notwendig, daß Spezialwissenschaftler sich mit der systematischen Erforschung der mathematischen Möglichkeiten beschäftigen, eine Denkdisziplin begründen, sichern und erweitern. Doch haben Ingenieurwissenschaften und angewandte Mathematik sich noch nicht überall zu solcher Zusammenarbeit gefunden. Mathematiker und Ingenieure sind in verschiedenen Disziplinen geschult. Hier steht die Anschauung im Vordergrund und dort die Abstraktion. So ist schon die Verständigungsmöglichkeit zwischen dem reinen Praktiker aus der Industrie und dem Mathematiker erschwert; denn aus einer Aufgabe, die der Betriebsmann aufgreift, müßte erst das mathematische Problem herausgeschält werden, bevor der Mathematiker Hilfe leisten kann. Dem Ingenieur genügt als Anfangsbedingung die technische Sachlage, die man ihm schildert oder die er selbst wahrnimmt. Der Mathematiker braucht aber meistens als Ausgangspunkt seiner Arbeit die Übersetzung der technischen Situation in eine Differentialgleichung.

Es wäre also eine engere Verbindung zwischen Ingenieur und Mathematiker notwendig. Fraglich ist, ob ausgesprochene Spezialisten beider Gebiete überhaupt in genügendem Maße sich näher kommen können. Ich glaube, man müßte schon dem Studenten beide Möglichkeiten — Ingenieuranschauung und Mathematik — bieten, um möglichst im einzelnen Menschen die Verbindung beider Wissenzweige zu schaffen, zu der sich die Spezialisten nur schwer zusammenfinden. Wir Ingenieure sollten bei der Schulung des Nachwuchses die Grenzen des Fachgebietes in Richtung zur Mathematik vorverlegen, die Mathematiker müßten ihrerseits noch stärker den Studenten der Fachrichtung „Angewandte Mathematik" ingenieurmäßiges Denken erschließen.

Von einer solchen Symbiose verspreche ich mir einen schnellen Fortschritt der Technik.

In der Strömungslehre haben wir durch die PRANDTLsche Schule gute Ansätze zu dieser Arbeitsweise. PRANDTL war seiner Ausbildung nach Ingenieur. Er studierte 1894 bis 1898 an der Technischen Hochschule München und kam dann in den Kreis der Göttinger angewandten Mathematiker, wo er 50 Jahre tätig war. Seine Arbeitsweise mit einer Verbindung von physikalischer Analyse, mathematischer Nachbildung und experimenteller Prüfung war außerordentlich fruchtbar und trug wesentlich zur schnellen Entwicklung des Flugzeugbaues bei. Hier ist in einem halben Jahrhundert ein technischer Zweig von den ersten Keimen bis zur Reife gewachsen. Andere ältere Diszipline der Technik wurden überholt und sie können heute sogar spezielle Entwicklungen aus der Flugtechnik übernehmen. Im Fahrzeugbau, im Strömungsmaschinenbau und im Schiffbau hat dieses Übertragen zu großen Erfolgen geführt.

3 Die Arbeitsweise in der Strömungslehre

Vornehmlich durch die Arbeiten PRANDTLs und der Göttinger Schule verfügt man heute über gesicherte Grundlagen. Man kann diesen Bestand in drei Gruppen einteilen

1. Potentialströmungen,
2. Grenzschichtströmungen,
3. Strömungen mit starker Verwirbelung.

In den ersten beiden Gruppen läßt sich das Problem durch mathematische Methoden lösen, besonders dann, wenn es sich um ein- oder zweidimensionale Strömungsbilder handelt. Versuche beschränkt man in der Regel auf die grundsätzliche Bestätigung eines Rechenverfahrens. Bei den stark verwirbelten Strömungen ist aber die mathematische Lösung nur selten möglich, hier steht noch das Experiment im Vordergrund einer Untersuchung.

Tritt die Reibung gegenüber den Trägheitskräften zurück, so darf das Strömungsbild zu einer reibungsfreien *Potentialströmung* idealisiert werden. Die Umströmung eines Tragflügels oder eines Flügelgitters läßt sich berechnen. Die Methoden sind für den Tragflügel schon so weit vereinfacht, daß die Druckverteilung sich innerhalb eines Tages ermitteln läßt. Sie stimmt mit dem Experiment recht gut überein, so daß man Messungen zur Ermittlung der Druckverteilung an ebenen Tragflügeln als zeitraubend und unwirtschaftlich bezeichnet. Für ebene Flügelgitter, zu denen man die Schaufeln von axialen und radialen Strömungsmaschinen idealisiert, werden solche Methoden noch entwickelt.

In unmittelbarer Nähe der Oberfläche vom Tragflügel- und Schaufelprofil muß die Reibung berücksichtigt werden. In dieser schmalen *„Grenzschicht"* liegt ein sehr steiler Geschwindigkeitsgradient zwischen dem Wert Null an der Oberfläche und der Geschwindigkeit der Potentialströmung am Rande der Schicht. Man ist in der Lage, den Reibungswiderstand für technisch günstige Profilformen vorauszuberechnen und kann mit Hilfe der gleichen Rechenmethoden Aussagen über den örtlichen Wärmegang sowie auch über die Diffusion machen; denn beide Vorgänge sind ihrer physikalischen Eigenart nach eng mit der Reibung verbunden.

Wesentlich für alle Entwurfs- und Rechenverfahren, die im Bereich der technischen Anwendungen eingesetzt werden, ist die Forderung, daß sie schnell zum Ziel führen müssen. Uns genügt nicht die Feststellung, daß eine Aufgabe rechnerisch lösbar ist. Wir fordern gut durchgearbeitete Methoden, die in kürzester Zeit das Ergebnis einer Zahlenrechnung liefern. Legt ein Theoretiker eine Arbeit vor, so darf er nicht mit der Feststellung enden, die Differentialgleichung sei integrierbar und damit die Aufgabe gelöst. Er sollte stets noch einige Beispielrechnungen anfügen. Die Arbeit, das kürzeste und schnellste numerische Verfahren zu suchen, ist durchaus des „Schweißes der Edlen" wert. Der im Industriebetrieb beschäftigte Ingenieur kann nur dann von der Lösung des Theoretikers Gebrauch machen, wenn dieser ihm auch den Weg zu einer schnellen Anwendung zeigt. Manche Probleme verlangen in kürzerer Spanne eine Antwort, als theoretische Methoden sie zur Zeit geben können. Wählen wir ein Beispiel aus der Meteorologie: Es existieren analytische Methoden, um aus einer gegebenen Großwetterlage mit den Mitteln der Strömungslehre das Wetter für den nächsten Tag zu bestimmen. Aber die Rechnung dauert fast einen Monat und das Ergebnis ist dann uninteressant. Daher zieht man zur Zeit noch in der Meteorologie schneller auswertbare statische Verfahren vor. Auch der Maschinenbau stellt seinen Ingenieuren häufig Termine, die zu kurz für manche umständlichen Rechenverfahren sind, so daß sich der Ingenieur zum Nachteil der Entwicklung mit rohen Abschätzungen begnügen muß.

Wir stellten fest, daß man bei den Potential- und Grenzschichtströmungen über verläßliche Rechenverfahren verfügt. Bei *stark verwirbelten Strömungen* ist die mathematische Methode noch wenig entwickelt, weil auch der Einblick in Einzelheiten physikalischer Zusammenhänge noch nicht tief genug ist. Experimente müssen noch durchgeführt werden zur Erforschung der Strömungsvorgänge bei Mischung von Flüssigkeiten und Gasen, für den pneumatischen und hydraulischen Transport von Material in Rohren sowie über die Abscheidung dieser Teilchen in Zyklonen. Das Wirbelschichtverfahren, das zuerst durch die Winklergeneratoren bekannt wurde, verlangt ebenso das Experiment wie die Beantwortung von Fragen über die Strömungsverhältnisse in Füllkörpersäulen der chemischen Industrie. Die Experimente sollten aber so angelegt und ausgewertet werden, daß ihre Resultate nicht nur Auskunft über ein spezielles Problem liefern, sondern weiterreichende Aussagen im Sinne der Ähnlichkeitsmechanik möglich machen.

4 Beispiele für die Lösung strömungstechnischer Fragen des Maschinenbaues aus dem Bereich des Instituts für angewandte Strömungslehre der T. H. Dresden

4.1 *Experimentelle Ausrüstung*

Ich möchte nun über die Ausrüstung meines Hochschulinstitutes mit Prüfständen sprechen und dann einige Arbeiten des Institutes aus den letzten 4 Jahren anführen. Da die meisten Arbeiten durch Anfragen aus den Industriewerken des Maschinenbaues und aus den chemischen Großbetrieben angeregt wurden, bietet ihre Darstellung auch im gewissen Maße eine Übersicht industrieller Problemstellungen.

Während für den Flugzeugingenieur ein grundlegendes Bauelement der Einzelflügel ist, so interessiert sich der Maschinenbauer in gleichem Maße für Flügelprofile in Gitteranordnung. Die Windkanäle des Maschinenbauers sind für diese Messungen eingerichtet.

Das Institut verfügt über einen mittleren Windkanal mit geschlossener Meßstrecke für Profile mit etwa 100 mm Tiefe und einer Breite von 300 mm. Der Umlenkwinkel $(\beta_0 - \beta_3)$ kann im Bereich von 0 bis 130° verändert werden. Die Maximalgeschwindigkeit beträgt $c_0 \approx 70$ m/sec.

Zu Untersuchungen im gasdynamischen Bereich geht ein anderer Windkanal der Vollendung entgegen. Hierin sollen Turbinen und Verdichtergitter untersucht werden.

Beide Windkanäle werden nicht mit Schaufelrädern, sondern mit Strahlpumpen angetrieben. Diese Möglichkeit bot sich als günstig an, weil das Institut für Kolbendampfmaschinen Forschungsarbeiten an einem großen Kompressor vornimmt und als Nebenprodukt die Druckluft für den Strahlantrieb liefert.

Die Flachwasserströmung über eine ebene Fläche bildet eine Analogie zur ebenen Gasströmung. Mit einem Flachwasserkanal können Profile von ≈ 100 [mm] Tiefe bei Unter- und Überschallströmung studiert werden. Der Schallgeschwindigkeit a im Gas entspricht die „Grundwellengeschwindigkeit" $\sqrt{g \cdot h}$ (h- örtliche Wassertiefe). Die Grundwellengeschwindigkeit liegt bei derartigen Messungen in der Größenordnung von 1 [m/sec]. Dem Verdichtungsstoß der Gasströmung entspricht der „Wassersprung". Die Antriebsleistung eines solchen Kanales beträgt etwa 3 kW. Nach der Analogie entsprechen die örtlichen Wasserhöhen den Dichten und Temperaturen bei der Umströmung des gleichen Modelles in der Gasströmung. Obwohl die Analogie nicht ganz vollkommen ist — der „Adiabatenexponent" beträgt $\varkappa = 2$, die Wassersprünge zeigen einen sanfteren Druckanstieg als die Verdichtungsstöße — bietet sie doch dem Strömungsingenieur ein gutes Hilfsmittel. Bei Beachtung der Modellgesetze können Druckverteilung, Kräfte und Momente bestimmt werden. Umlenkeigenschaften von Turbinengittern und ihre Widerstandsbeiwerte sind häufig vermessen worden. Der Kanal bildet auch instationäre Strömungsvorgänge nach, dabei wird die Zeit im Wasser gegenüber der Gasströmung um den Betrag $\frac{a}{\sqrt{g \cdot h}}$ gedehnt. Der Faktor $\frac{a}{\sqrt{g \cdot h}}$ hat die Größenordnung 10^2, die Zeit für den modellähnlichen Vorgang im Wasser ist dann 100 mal länger als im Gas. Hier ergäben sich gute Untersuchungsmöglichkeiten für Schwingungsvorgänge von Schaufeln oder auch der instationären Strömung in Schiebern und Ventilen, wenn sie im ebenen Feld nachgebildet werden können. Solche Analogien bestehen für Vorgänge, deren Differentialgleichungen vom selben Typ sind.

Mit Hilfe des elektrischen Troges [1] kann man zweidimensionale analoge Potentialfelder der Hydrodynamik, der Wärmeleitung oder der Sickerströmung nachbilden, weil alle durch die Differentialgleichung

$$\frac{\partial^2 \varphi}{\partial x^2} + \frac{\partial^2 \varphi}{\partial y^2} = 0 \tag{1}$$

im ebenen Fall bzw. durch

$$\frac{\partial^2 \varphi}{\partial x^2} + \frac{\partial^2 \varphi}{\partial r^2} + \frac{1}{r}\frac{\partial \varphi}{\partial r} = 0 \tag{2}$$

bei Rotationssymmetrie beschrieben werden. Wir haben den Trog benutzt, um die Geschwindigkeit im schaufelfreien Raum von Strömungsmaschinen festzustellen. Abb. 1 zeigt den Vergleich einer Vorausberechnung mit Hilfe des Singularitätenverfahrens und der Messung [2] [3]. In neuerer Zeit werden Messungen über das Temperaturfeld von Gasturbinenläufern bei Aufheizung durch die Verbrennungsgase und Kühlung durch einen künstlichen Luftstrom durchgeführt.

Für Modelluntersuchungen von Laufrädern der Überdruckwasserturbinen steht ein Prüfstand zur Verfügung (Abb. 2) mit $H_{\max} = 30$ [m], $Q_{\max} = 25$ [m³/min] sowie Laufraddurchmessern $D_{\max} = 320$ [mm].

Über verschiedene Spezialprüfstände werde ich im Zusammenhang mit der Aufzählung von Forschungsarbeiten sprechen.

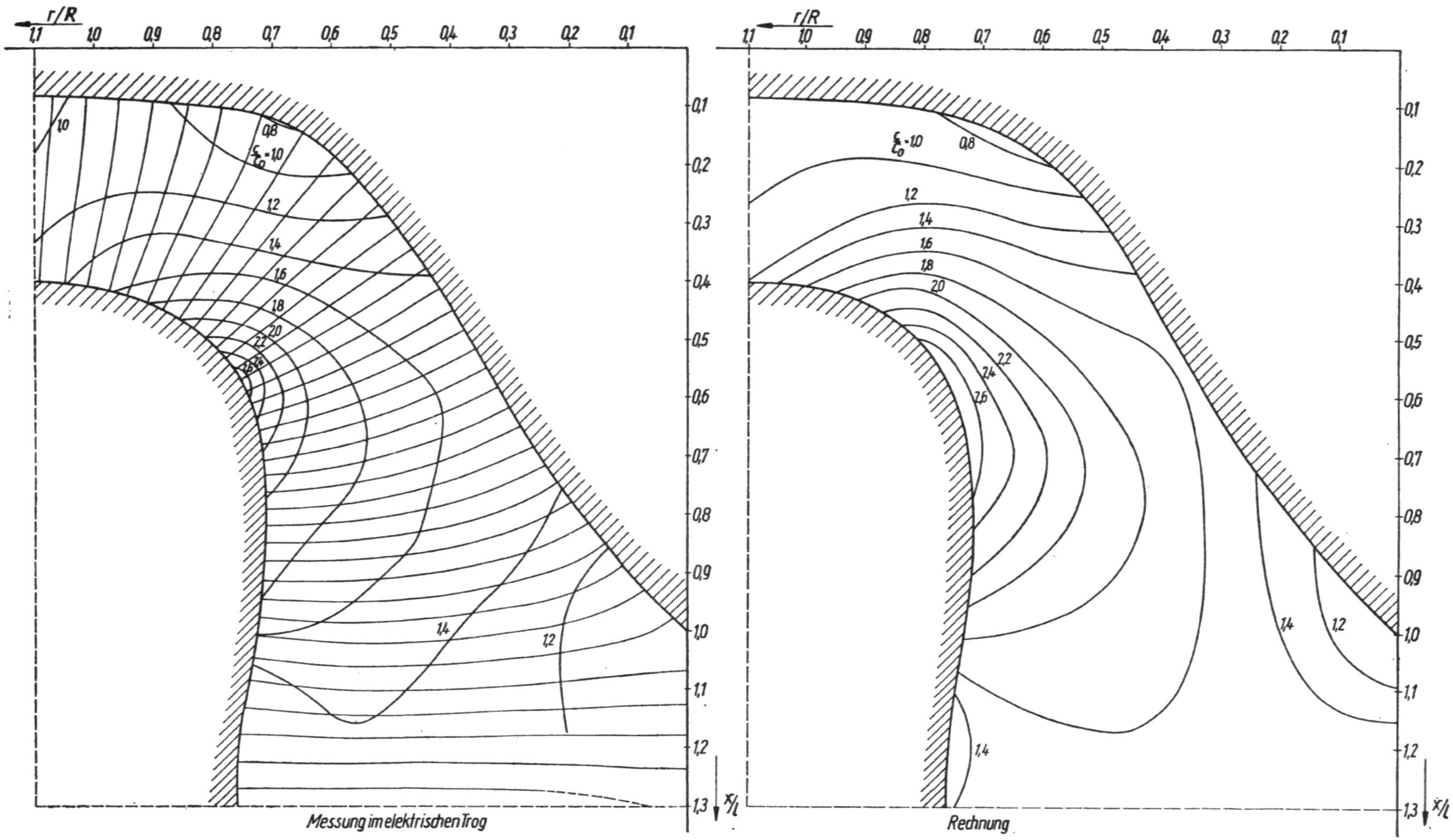

Abb. 1. Linien gleicher Geschwindigkeit im schaufelfreien Raum einer Wasserturbine. Das rechte Bild wurde durch eine Rechnung nach dem Singularitätenverfahren gewonnen, das linke Bild zeigt die Nachprüfung durch eine Messung im elektrischen Trog

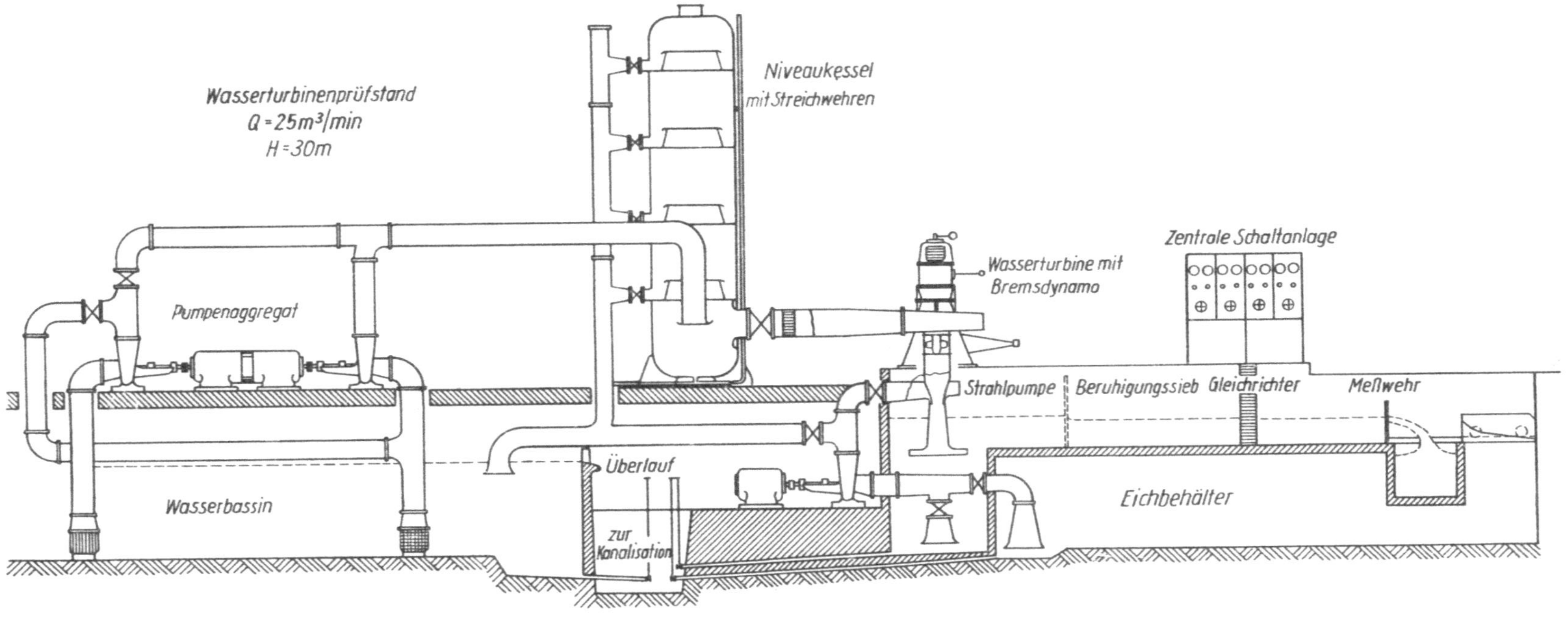

Abb. 2. Schema des Wasserturbinenprüfstandes für $H_{\max} = 30$ [m], $Q_{\max} = 25$ m³/min und Laufraddurchmesser $D_{\max} = 320$ [mm]

4.2 *Potentialströmung*

Die Berechnung von Flügelgittern mit geringen Strömungsverlusten darf man in die reibungsfreie Potentialströmung und die Grenzschichtströmung aufspalten. Schon die Geschwindigkeitsverteilung der Potentialströmung gibt Aufschluß über die Kavitationsempfindlichkeit bei Flüssigkeitsströmung und über das Auftreten von Verdichtungsstößen im gasdynamischen Bereich. Schließlich ist die Geschwindigkeitsverteilung die Grundlage zur Berechnung des Reibungswiderstandes und zur Bestimmung des Ablösungspunktes. Wir haben uns bemüht, für stark umlenkende Gitter mit einem Teilungsverhältnis $t/l \lesssim 0{,}75$ schnell auswertbare Verfahren zu entwickeln. Bei einem Entwurfsverfahren [4] macht man Gebrauch von der Tatsache, daß Potentialströmungen durch ein Orthogonalnetz von Stromlinien ψ und Äquipotentiallinien Φ beschrieben werden, dessen Maschenabmessungen Δs und Δn im Verhältnis

$$\frac{\Delta s}{\Delta n} = \frac{\varrho}{\varrho_R} \cdot \text{const} \tag{3}$$

stehen. Im hydrodynamischen Bereich ist die Dichte ϱ unveränderlich, das Feld kann bequem aus Kreisscheiben verschiedenen Durchmessers aufgebaut werden (Abb. 3 und 4). Die

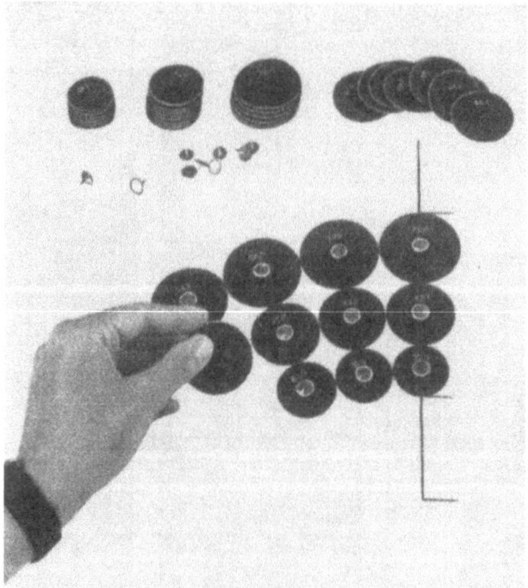

Abb. 3. Aufbau eines Gitters aus Kreisscheiben. Benutzt wurde ein Vorrat von Scheiben zwischen 25 und 65 mm um je 1 mm steigend. Dem Verfahren liegt der Gedanke zugrunde, daß in ein hydrodynamisches Maschennetz aus Strom- und Äquipotentiallinien sich Kreise einschreiben lassen. Die Kombinationsarbeit mit Scheiben führt schneller zum Ziel als das früher übliche Zeichnen und Korrigieren des Maschennetzes

Geschwindigkeiten c sind umgekehrt proportional zu den Maschenlängen Δs in Richtung der Stromlinien

$$\frac{c}{c_0} = \frac{\Delta s_0}{\Delta s} \tag{4}$$

Die Druckverteilung der hydrodynamischen Strömung erhält man aus der Bernoulligleichung

$$\frac{\Delta p}{q} = 1 - \left(\frac{\Delta s_0}{\Delta s}\right)^2 \tag{5}$$

Die Nachprüfung der Rechnung durch das Experiment mit dem elektrischen Trog ergab gute Übereinstimmung (Abb. 5) [3]. Bei der Gasströmung ist nach (3) das Maschenverhältnis eine

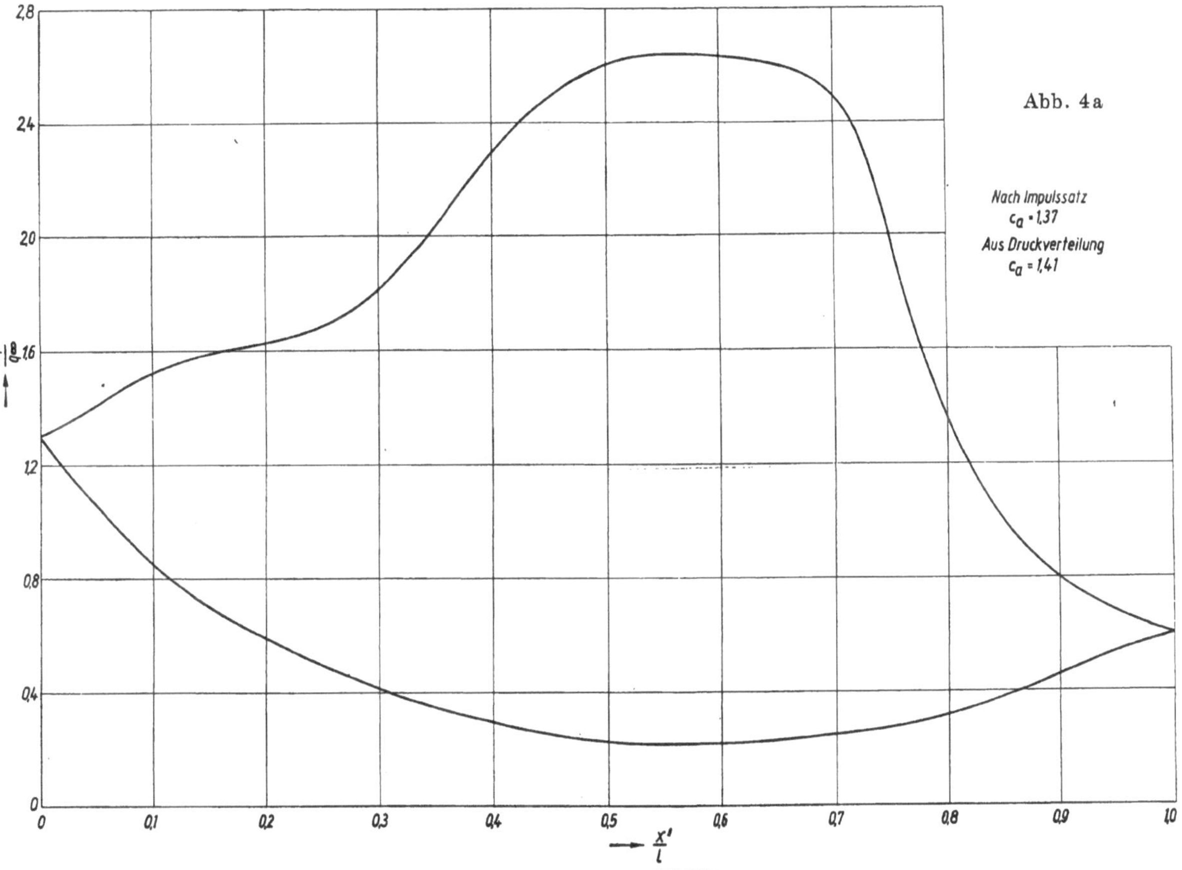

Abb. 4a

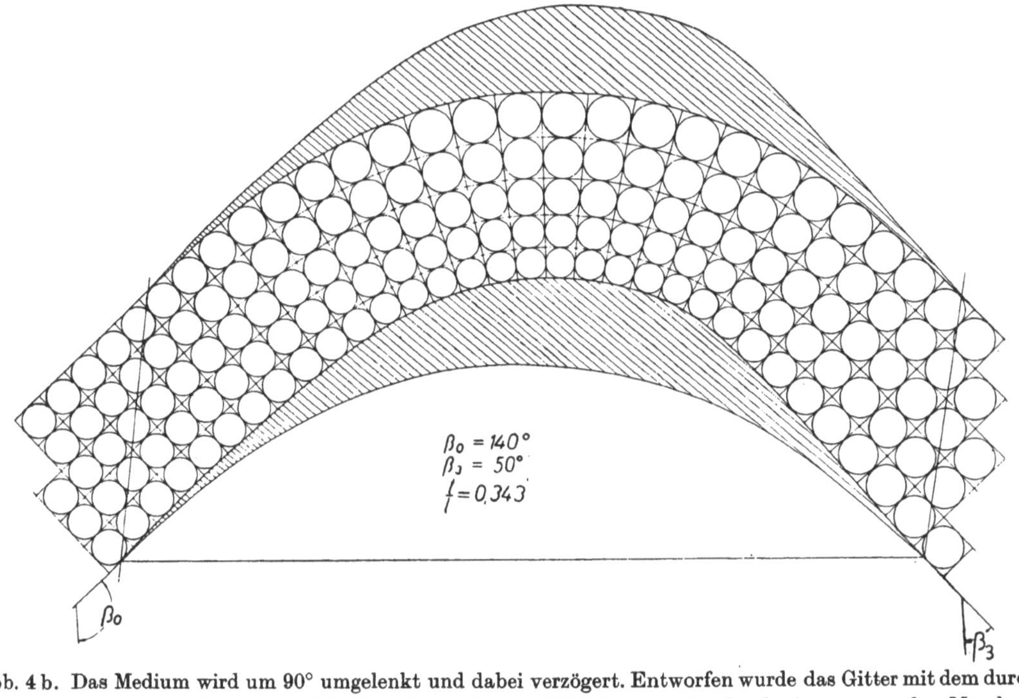

Abb. 4b. Das Medium wird um 90° umgelenkt und dabei verzögert. Entworfen wurde das Gitter mit dem durch Abb. 3 beschriebenen Verfahren. Die Druckverteilung (Abb. 4a) wurde durch Ausmessen der Maschenentfernungen Δs auf der Kontur und Rechnung nach Formel (5) gewonnen [5]

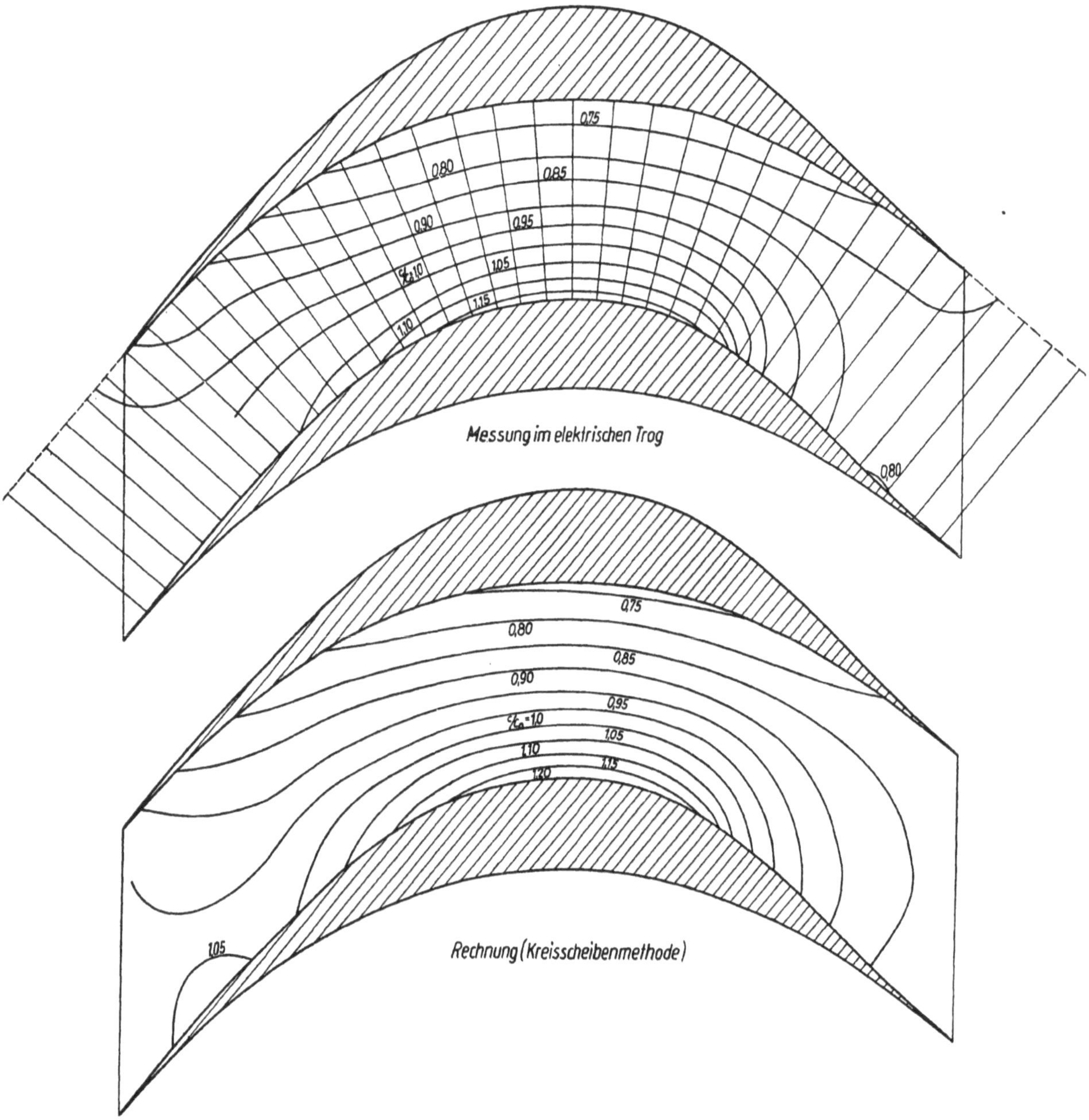

Abb. 5. Die durch das Kreisscheibenverfahren berechnete Strömung wurde mit Hilfe der Elektroanalogie nachgeprüft. Die Nebeneinanderstellung des berechneten und gemessenen Feldes zeigt gute Übereinstimmung der Linien gleicher Geschwindigkeit $c/c_0 = \Delta s_0/\Delta s$

Funktion der Dichte, diese ist aber eindeutig abhängig von der Geschwindigkeit c, so daß sich mit (4) ergibt

$$\frac{\Delta s}{\Delta n} = f_1(c) = f_2(M^*) = f_3(\Delta s) \tag{6}$$

Abb. 6 zeigt die Abhängigkeit Δn (Δs); man kann das Feld aus einem Vorrat von Ellipsenscheiben aufbauen.

Ein Beispiel ist auf Abb. 7 zu sehen, und auf Abb. 8 [6] ist in dieser Art der Unterschallteil eines Turbinenprofiles konstruiert. Das Gitter beschleunigt von Unterschall- auf Überschallgeschwindigkeit. Der Überschallteil ist nach der „PRANDTL-MEYER-Eckumströmung" geformt. Bei den Überschallturbinen kann in einer Stufe ein viel größeres Gefälle als in den üb-

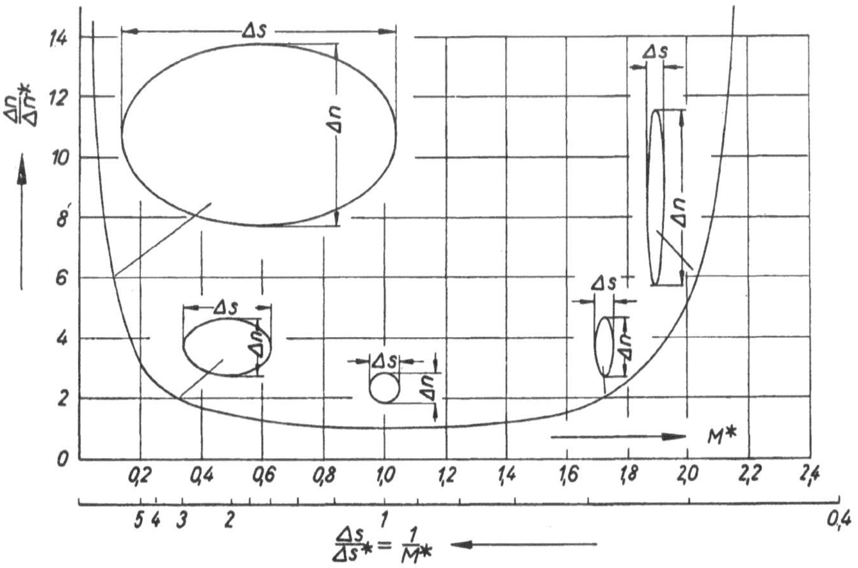

Abb. 6. Während in einer nicht zusammendrückbaren (hydrodynamischen) Strömung das Verhältnis $\Delta s/\Delta n$ der aus Strom- und Äquipotentiallinien gebildeten Maschenseiten konstant ist und das Feld mit Kreisen aufgebaut werden kann (Abb. 3), ist in der gasdynamischen Strömung $\Delta s/\Delta s$ eine Funktion der örtlichen Dichte und damit nach Formel (6) abhängig von M^* und Δn. Das Strömungsfeld kann durch Ellipsenscheiben aufgebaut werden, deren Seitenverhältnis obenstehendes Diagramm für $\varkappa = 1{,}4$ anzeigt

lichen Unterschallturbinen umgesetzt werden, bei denen man nur innerhalb eines kritischen Gefälles expandieren läßt. Die Auswirkungen auf die Turbinengestaltung wird erheblich sein; man vermindert durch die Überschallbeschaufelung die Stufenzahl. Auch für Verdichter sind Überschallprofile geeignet. Schon im Kriege sind Versuche gemacht worden, in einer Stufe den Druck auf das Vierfache mit Hilfe von Verdichtungsstößen bei gutem Wirkungsgrad zu steigern.

Eine experimentelle Möglichkeit zur Darstellung der hydrodynamischen Potentialströmung durch Flügelgitter erschließt die bekannte Analogie zwischen der hydrodynamischen Stromfunktion und der Höhenkoordinate einer gespannten Seifenhaut mit nur geringen Neigungsänderungen.

Hier wurde die Auswertung gegenüber früheren Anwendungen vereinfacht durch Spiegeln einer speziellen räumlich angeordneten Kurvenschar an der Seifenhaut, womit Linien gleicher

Neigung — entsprechend den Linien gleicher Geschwindigkeit im hydrodynamischen Feld — abgebildet werden [7]. Abb. 9 zeigt gute Übereinstimmung von Rechnung und Messung für die zirkulationsfreie Umströmung eines Kreiszylinders. Diese Methode hat ihr Hauptanwendungsgebiet für solche Gitter, deren Potentialströmung rechnerisch nur schwer zu erfassen wäre.

Abb. 10 zeigt Linien gleicher Geschwindigkeit im Felde eines Gitters.

Großes Interesse für die günstige Profilgestaltung besteht auch bei axialen und radialen Lüftern und Verdichtern. Grundlagen sind durch Messung und Rechnung in der Industrie für

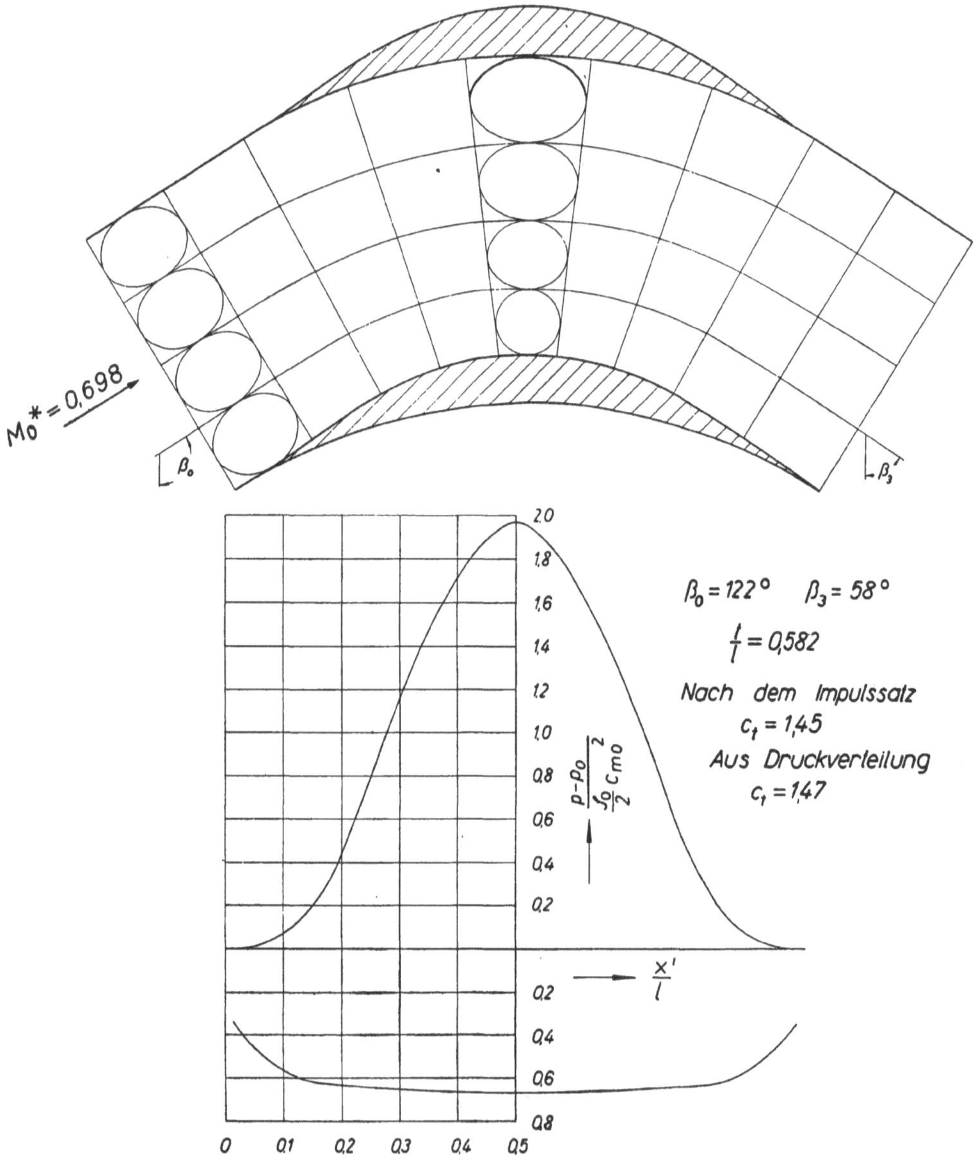

Abb. 7. Mit Hilfe dieses nach der Scheibenmethode (Abb. 3) entworfenen Gleichdruckgitters wird die ankommende Strömung mit $M_0^* = 0{,}698$ um 64° umgelenkt. An der Saugseite tangiert eine Kreisscheibe, die zur Schallgeschwindigkeit ($M^* = 1$ nach Abb. 6) gehört. Die Schallgeschwindigkeit wird also erreicht und an der Kontur überschritten. Im Diagramm ist die Druckverteilung dargestellt, die mit den Maschenabständen Δs auf der Kontur und der Bernoulligleichung für kompressible Strömungen ermittelt wurde

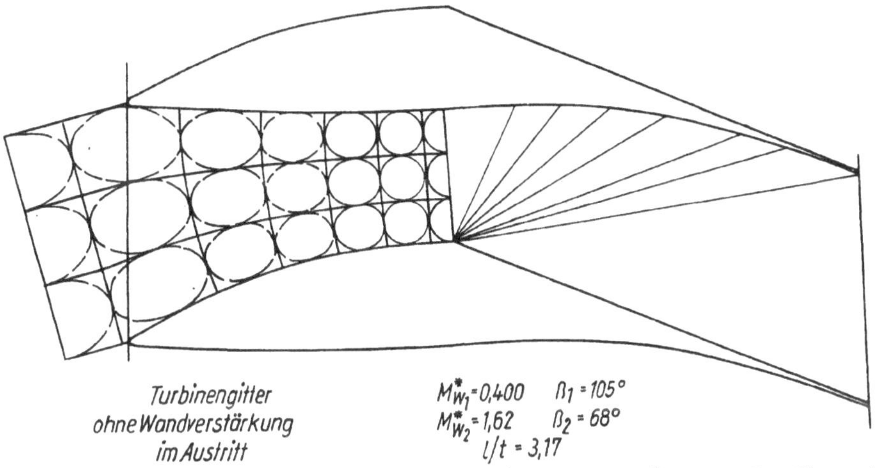

Abb. 8. Das Gitter beschleunigt eine Gasströmung von $M_0^* = 0{,}4$ auf $M_3^* = 1{,}62$. Der Unterschallteil bis $M^* = 1$ ist nach der Scheibenmethode entworfen, die Überschallkontur ist nach der sogenannten Prandtl-Meyer-Strömung geformt

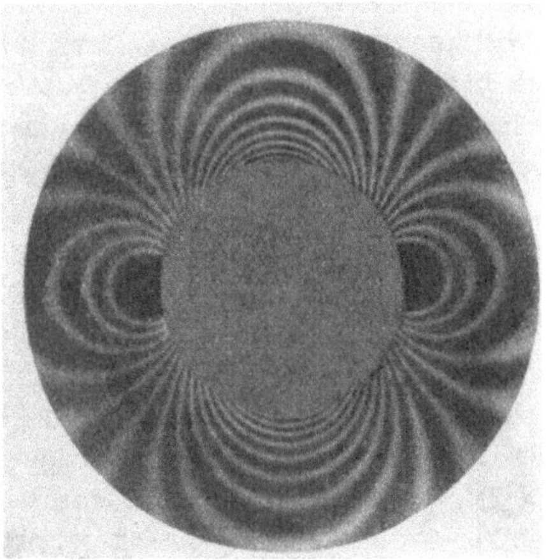

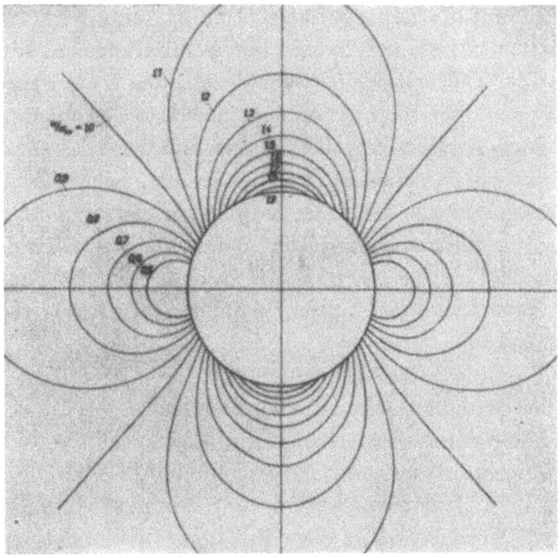

Abb. 9. Es besteht Analogie zwischen der Höhenkoordinate einer gespannten, wenig geneigten Seifenhaut und der hydrodynamischen Stromfunktion. Damit entsprechen Linien gleicher Neigung auf der Seifenhaut den Linien gleicher Geschwindigkeit im hydrodynamischen Feld. Der experimentelle Aufbau ist so gewählt, daß auf der Fotografie (links) sich Linien gleicher Neigung abzeichnen, die gut mit den potentialtheoretisch berechneten Isotachen der zirkulationsfreien Zylinderumströmung (rechts) übereinstimmen

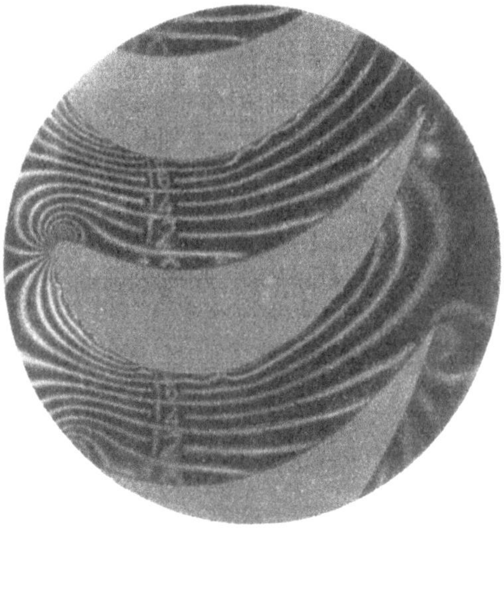

Abb. 10. Aufzeichnung der Linien gleicher Geschwindigkeit im Feld eines Flügelgitters mit der Seifenhautmethode

Axialräder entwickelt, besondere Bemühungen verdienen aber theoretisch begründete Entwicklungsarbeiten an rotierenden Radialschaufeln, weil dieses Gebiet lange Zeit — auch im Ausland — vernachlässigt wurde. Die Wirkungsgrade der in der DDR hergestellten Radiallüfter sind mit maximal 74% noch zu gering.

Axiale und radiale Schaufelgitter sind auch Bauelemente moderner Strömungsgetriebe (Föttingertransformatoren).

4.5 *Grenzschichtströmung*

Über den Umschlag laminar-turbulent wurden in Verbindung mit den Grenzschichtgleichungen Ähnlichkeitsbetrachtungen angestellt, die zum Ergebnis führten, daß die Kennzahl

$$\frac{y \cdot \frac{\partial^2 c}{\partial y^2}}{\frac{\partial c}{\partial y}}$$

den Einfluß einer laminaren Grundströmung auf die Ausbildung der Störbewegung beschreibt. In der „kritischen Zone" der laminaren Schicht hat diese Kennzahl eine ganz bestimmte Größe. Die kritische Reynoldszahl des Umschlages laminar—turbulent steht in eindeutiger Abhängigkeit von der dimensionslosen Geschwindigkeit in dieser Zone [8].

Eine Anwendung der Grenzschichtrechnungen auf Trocknungsvorgänge wurde durch die Analogie zwischen Impulsaustausch und Stoffaustausch in der Grenzschicht möglich. Auf Anregung einer Filmfabrik untersuchten wir durch Rechnung und Messung die Möglichkeit der Schnelltrocknung [9]. Bei turbulenter Grenzschicht und hoher Luftgeschwindigkeit (bis 200 [m/sec]) konnte die Trocknungszeit auf wenige Sekunden abgekürzt werden, die in natürlicher Strömung Stunden beträgt. Wirtschaftlicher als ein Freistrahl ist die Rohrströmung.

Besondere Bedeutung kommt der Feststellung der Randbedingung (Dampfdruck) an der feuchten Oberfläche zu; hierüber sind noch Untersuchungen im Gange.

Die Analogie zwischen Impulsaustausch und Wärmeübergang wurde benutzt, um spezielle Kühleranordnungen nachzurechnen und Abänderungen zu ihrer Verbesserung vorzuschlagen. Große Elektromaschinen werden mit einem besonderen Kühlgebläse ausgerüstet. Bei Motoren zum Antrieb elektrischer Lokomotiven konnte das Gebläse sowie die Luftführung so verbessert werden, daß die ursprünglich zu hohe Temperatur in dem zulässigen Bereich gesenkt wurde.

Ähnlich war die Aufgabenstellung zur Verbesserung der Kühlung eines Personenkraftwagens. Das Axialgebläserad muß neben guter Wirksamkeit auch geräuscharm laufen, besonders sollen die hohen Tonfrequenzen vermieden werden.

4.4 *Strömungen mit starker Verwirbelung*

Häufig wird gefragt nach dem Energiebedarf für den pneumatischen Transport. In Zusammenarbeit mit dem Institut für Fördertechnik der Technischen Hochschule Dresden sind Versuche über diesen Vorgang angelaufen. Nicht nur in Verbindung mit diesen Anlagen haben die Zyklone als Abscheider von körnigem Material aus Gasen Bedeutung. Ein Axialabscheider (Abb. 11) ergab für Teilchen $> 40\ \mu$ Abscheidung bis 88%. Der Vorschlag wurde bei Industriemessungen weiter verwertet. Allgemein fehlt, trotz vieler Bemühungen, noch ein Maß zum Vergleich des Druckverlustes von Zyklonen verschiedener Bauart. In den letzten Jahren hat man mit Erfolg Hydrozyklone zur Eindickung von Aufschlämmungen angewandt. Auf Anregung eines Industriewerkes wurden Versuche mit einem gläsernen Hydrozyklon gemacht. Abb. 12 zeigt den Luftkern der rotierenden Wasserströmung. Die Strömungsrichtung in der Grenzschicht zeigten Anstrichbilder (Abb. 13). Aus umfangreichen Messungen ließen sich nach einfachen Überlegungen Ähnlichkeitsbeziehungen finden [10].

Die chemischen Reaktionszeiten zwischen einem Gase und körnigem Material kann man verkürzen, wenn das Gas zum Durchwirbeln des Festmaterials benutzt wird. Die ersten Anwendungen sind durch den Winklergenerator bekanntgeworden. Wir haben Modellversuche an gläsernen konischen Wirbelkammern mit halben Öffnungswinkeln zwischen 4° und 45° durchgeführt. Konische Kammern sind günstig, weil ein Austrag des Materiales, der in zylindrischen Kammern bei erhöhter Geschwindig-

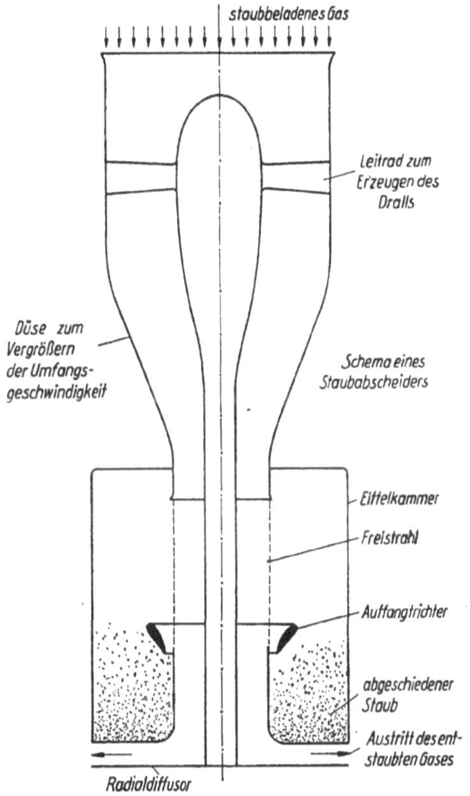

Abb. 11a

Abb. 11. Bei diesem Staubabscheider wird der Drall mittels eines Leitrades erzeugt (Abb. 11a) oder mit einer Einlaufspirale (Abb. 11b). Eine Düse vergrößert die Umfangskomponente. Auf einem Freistrahl wird der Staub in die zur Abdichtung nach außen angebrachte Eiffelkammer abgeschleudert. Der Luftstrahl wird dann einem Diffusor zugeleitet und verzögert. Zu den Versuchen wurden die Hauptteile zur bequemen Beobachtung aus Glas hergestellt (Abb. 11b)

Abb. 11b

keit möglich ist, vermieden wird. Bei allen Winkeln zeigte sich schnelle und gute Durchmischung, so daß man auch mit großen Öffnungswinkeln arbeiten darf.

Gewisse Verwandtschaft mit diesem Problem hatte das Durchmischen einer Flüssigkeit mit Hilfe von Druckluft, die aus einer zentrischen Düse am Boden eines kreiszylindrischen

Abb. 12

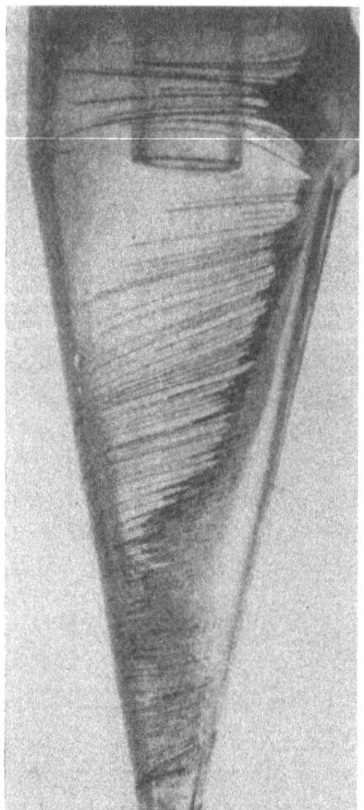

Abb. 13

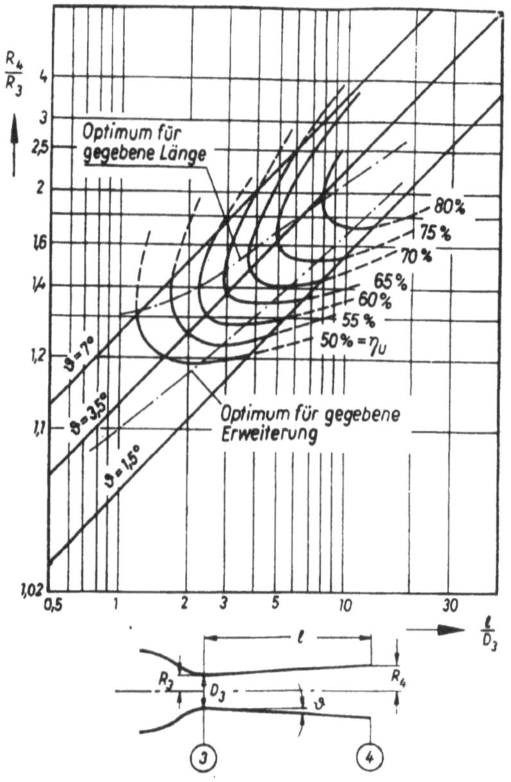

Abb. 14

Abb. 12. Bei Versuchen mit einem Hydrozyklon zeichnet sich der Luftkern des Wirbels scharf ab. Zu erkennen ist auch im oberen Bereich das „Tauchrohr"

Abb. 13. Mit Hilfe eines bekannten „Anstrichverfahrens" konnte die Strömungsrichtung in der Grenzschicht festgestellt werden. Man streicht zunächst einen Teil der Innenfläche mit Ölfarbe an und läßt, ehe sie getrocknet ist, das Wasser einlaufen. Unter Wirkung der Wandschubspannung wird die Ölfarbe in einzelne Fäden auseinandergezogen und gibt so die Strömungsrichtung an

Abb. 14. Wirkungsgrad von Kegeldiffusoren nach Messung. Die strichpunktierten Linien verbinden Punkte mit gedachten horizentalen und vertikalen Tangenten an η_u = const.-Kurven. Gibt man Erweiterung (R_4/R_3) oder Länge (l/D_3) des Diffusors vor, so liefern Punkte auf den strichpunktierten Kurven die Auslegungsdaten für optimalen Wirkungsgrad η_u

Gefäßes geblasen wurde. Man kann auf solche Art Tankbrände von Flüssigkeiten mit hohem Flammpunkt löschen. Ganz geringe Energie zum Einblasen der Luft genügt zur Vermischung der erhitzten Flüssigkeitszone in Oberflächennähe mit kälteren Teilen aus dem Innern. Dadurch wird die Flammtemperatur unterschritten und schon nach wenigen Sekunden das

Feuer gelöscht. Es wurden einige Modellversuche gemacht. Sowohl für diesen Vorgang als auch für die Wirbelkammern sind noch die Ähnlichkeitsgesetze zu erarbeiten.

Häufig besteht die Aufgabe, einen Flüssigkeits- oder Gasstrom durch Flächenvergrößerung eines Rohres verlustarm zu verzögern. Für Kegeldiffusoren wurden umfangreiche Messungen zur Feststellung des unteren Wirkungsgrades

$$\eta_u = \frac{\text{Differenz der stat. Drucke zw. Eintritt u. Austritt}}{\text{Staudruck im Eintrittsquerschnitt}}$$

gemacht [11]. Die Ergebnisse sind in Abb. 14 mit den optimalen Auslegungsdaten für gegebene Länge und gegebene Erweiterung gezeichnet. Die Versuche bestätigten, daß nicht das Flächenverhältnis vom Austritt zum Eintritt, sondern der Erweiterungswinkel ϑ_{krit} ein Maß für das Abreißverhalten des Diffusors ist.

Für beliebige Querschnittsformen kann die zulässige Erweiterung aus

$$\frac{1}{U} \cdot \frac{dF}{ds} < \vartheta_{\text{krit}}$$

bestimmt werden, solange die Strömung zur Fadenströmung idealisiert werden darf [12].

Mit stark verwirbelten Strömungen arbeiten auch die Strahl- oder Injektorpumpen, die ich bereits als Antrieb von Windkanälen erwähnte. Um Klarheit über günstige Auslegungsdaten zu erhalten, sind umfangreiche Messungen und Rechnungen durchgeführt worden [13].

Es zeigte sich, daß man bei sorgfältiger Auslegung die Wirkungsgrade der Maschine bis maximal auf ungefähr 40% steigern kann. Die zum Prinzip der Maschine gehörende verlustbehaftete Mischung zwischen Treibstahl und Schleppstrahl läßt keine höheren Wirkungsgrade zu, jedoch bietet die Einfachheit der Pumpen (ohne alle beweglichen Teile) wiederum solche Vorteile, daß ihre Anwendung schon jetzt bei noch geringen Wirkungsgraden sehr häufig ist [14].

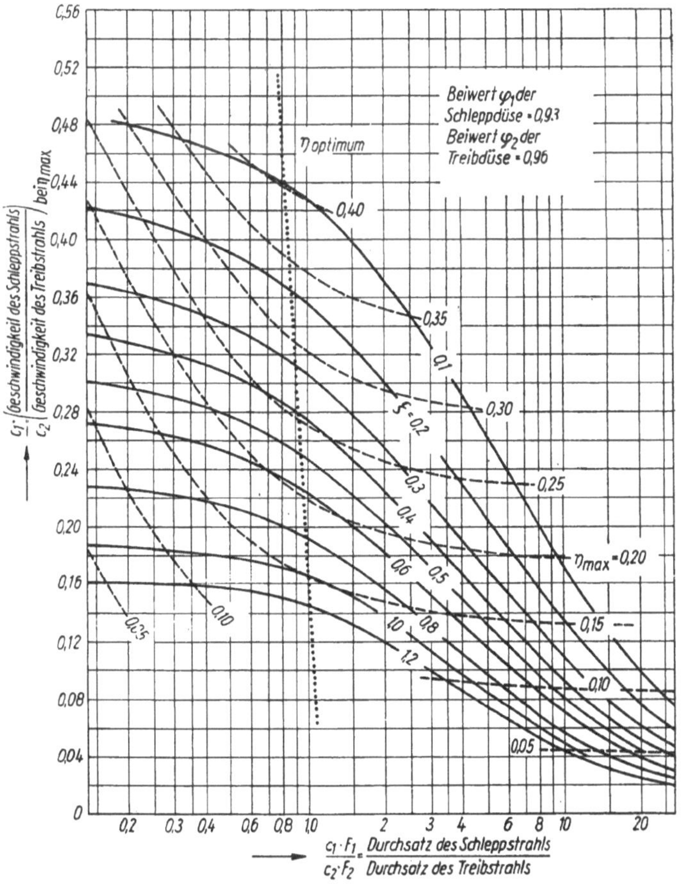

Abb. 15.

Für einen Verlustbeiwert

$$\zeta = 1 - \underbrace{\eta_u}_{\text{unterer Diffusorwirkungsgrad}} + \underbrace{\lambda \cdot \frac{l}{D_3}}_{\text{Reibungsverlust der Mischstrecke}}$$

kann aus diesem Diagramm für ein gewünschtes Verhältnis $\frac{c_1 \cdot F_1}{c_2 \cdot F_2}$ das günstigste Geschwindigkeitsverhältnis $\frac{c_1}{c_2}$ und damit auch das günstigste Flächenverhältnis $\frac{F_1}{F_2}$ abgelesen werden. Der optimale Wirkungsgrad liegt bei

$$\frac{c_1 \cdot F_1}{c_2 \cdot F_2} \approx 1. \qquad [13]$$

Das Diagramm ist gültig für inkompressible Strömungen.

Wir finden sie als Tiefbrunnenpumpe für Wasser oder Erdöl und als Injektor zur Lüftung von Bauwerken. Sie wird angewandt in Verbindung mit Brennern (vom Bunsenbrenner bis zum Hochdruckgasbrenner). Man findet sie bei Sandstrahlgebläsen und beim Vergaser der Verbrennungsmotore oder als Zerstäuber von Flüssigkeiten.

Abb. 15 stellt eine Zusammenfassung der experimentellen und rechnerischen Untersuchungen an Strahlpumpen dar und ist nutzvoll für ihre Auslegung.

5 Diskussion

Die Herren JANTE und KIENAST betonen, daß für aerodynamische Untersuchungen an Fahrzeugen und großen Förderanlagen ein Windkanal zur Verfügung stehen muß. Das Projekt, den alten DVL-Windkanal in Berlin von 8 m Düsendurchmesser für Geschwindigkeiten bis zu 40 m/sec. wieder herzustellen, wird befürwortet. Für Automobiluntersuchungen müßte die sogenannte „rollende Landstraße" eingebaut werden, damit sich zwischen Bodenfläche und Luftstrom keine Grenzschicht bildet.

Über die Zusammenarbeit Ingenieur—Mathematiker sprechen die Herren JANTE, FALTIN und KUSE. Es wird erwähnt, daß Prof. MARUHN als Mathematiker schon ein Beispiel für gute Zusammenarbeit gegeben habe, als er an die Vertreter der Maschinenbau-Fakultät herangetreten ist und um Mitteilung von Problemstellungen aus dem Arbeitsgebiet der betreffenden technischen Lehrstühle gebeten hat. Auch bei den Ingenieur-Studenten und -Absolventen beobachtet man, daß Schwierigkeiten bestehen, aus einer technischen Aufgabenstellung den mathematischen Ansatz zu finden.

Herr WIRTH berichtet, daß ein Axialabscheider mit einem Leitrad in den 30iger Jahren bei Leuna versuchsweise hinter eine Feuerung mit sehr starkem Zug eingebaut wurde, um bei Hochblasen große Mengen Koks wieder zurückzuführen. Für den Betrieb normaler Zyklone ist es wichtig, zu wissen, daß vorgesichtetes Material und unsortiertes Material verschiedene Abscheidungen ergeben. Herr JANTE weist auf die Entwicklung kleiner Staubabscheider in seinem Institut hin, die vor den Luftansaugstutzen von Verbrennungsmotoren geschaltet werden.

Herr BOIE referiert über Entstaubungsversuche in seinem Institut. Die abzuscheidende Flugasche hat nicht die Kornverteilung des Häufigkeitsgesetzes von ROSIN-RAMMLER.

Herr EISENKOLB bestätigt, daß dieses Gesetz nur für mechanisch zerkleinerte Materialien gilt.

Herr BOIE weist darauf hin, daß Dresden der Sitz der Asbestindustrie ist. Die Staubabscheidung spielt eine große Rolle, dort arbeiten Herren mit großer Erfahrung auf diesem Gebiet.

Herr FRENZEL bestätigt, daß auch die Textilindustrie sehr am Entstaubungsproblem interessiert sei. Der Staub ist hier faserförmig. Auch der pneumatische Transport sowie die Schnelltrocknung sind von Bedeutung.

Herr KUSE erklärt, daß die Kühlungsprobleme bei *Turbinen und Generatoren* (T. u. G.), Berlin, sehr interessieren. Es handelt sich einerseits um Ventilatoren in den Kühltürmen, zu denen Herr FALTIN auch Untersuchungen bei Leuna und Buna eingeleitet hat, zum anderen um die Kühlung der Turbogeneratoren.

Herr BOIE sagt, daß selten der Ventilator im Bestpunkt arbeite, weil der Druckabfall durch die Kühlluftkanäle beim Entwurf gar nicht oder nur ungenau bekannt sei.

Herr ALBRING ergänzt, daß bei den in der DDR gefertigten Standardgebläsen auch das Kennfeld noch unbekannt ist.

In der Fördertechnik werden nach Aussage von Herrn KIENAST in steigendem Maße Flüssigkeitsgetriebe benötigt; ihre Anwendung ist z. B. in der Sowjetunion sehr verbreitet. Beim Anfahren ist veränderliche Füllung wichtig.

Herr JANTE bemängelt, daß sowohl hier als auch in Westdeutschland die Zusammenarbeit von Strömungstechnik und Kraftfahrzeugtechnik bezüglich der Flüssigkeitsgetriebe nicht befriedigt. Er habe sich nun dieser Fragen besonders angenommen.

Herr BOIE berichtet, daß in den Kraftwerken Hirschfelde, Böhlen und Espenhain zahlreiche Föttingerkupplungen in Betrieb sind, die störungsfrei arbeiten. Jedoch sind die Öle sorgfältig auszuwählen, ungeeignete Öle altern und verharzen schnell.

6 Literatur

[1] Geissler, W.: Der elektrische Trog zur Untersuchung hydrodynamischer Strömungen — Maschinenbautechnik Heft 8, 1954

[2] Herrlich, O.: Strömung im schaufelfreien Raum bei Wasserturbinen — Bericht Nr. B 121 des Inst. für angew. Strömungslehre der T. H. Dresden — unveröffentl.

[3] Mürbe, D.: Vergleich zwischen Rechnung und elektrolytischer Modellmessung von Umlenkgittern und schaufelfreien Räumen der Wasserturbinen. Bericht Nr. B 170 des Inst. f. angew. Strömungslehre der T. H. Dresden — unveröffentl.

[4] Albring, W.: Ein Näherungsverfahren zur Konstruktion ebener stoßfrei angeströmter Schaufelgitter und Berechnung ihrer Druckverteilung bei stationärer Strömung — Maschinenbautechnik Heft 4/1956

[5] Rippl, E.: Entwurf eines Windkanales — Bericht Nr. B 135 des Inst. f. angew. Strömungslehre der T. H. Dresden — unveröffentl.

[6] Schieferdecker, K.: Entwicklung von Turbinengittern, in denen die Unterschallgeschwindigkeit der Anströmung auf Überschallgeschwindigkeit im Austrittsquerschnitt beschleunigt wird Bericht. Nr. B 158 des Inst. f. angew. Strömungslehre der T. H. Dresden — unveröffentl.

[7] Pascher, W.: Aufzeichnung von Linien konstanter Geschwindigkeit im Felde hydrodynamischer Gitter mit Hilfe der Seifenhautanalogie — Maschinenbautechnik Heft 12/1956

[8] Albring, W.: Ähnlichkeitskennzahlen über die Störbewegung beim Umschlag und bei Turbulenz — 50 Jahre Grenzschichtforschung — Friedr. Vieweg & Sohn, Braunschweig 1955

[9] Albring, W., und Vogel, R.: Orientierende Rechnungen und Messungen zum Problem der Schnelltrocknung mit hohen Geschwindigkeiten — Bericht I 148 des Inst. f angew. Strömungslehre der T.H. Dresden unveröffentl.

[10] Lindner, E.: Strömungsbeobachtungen an einem gläsernen Hydrozyklon und Auswertung von Abscheidungsversuchen. Maschinenbautechnik Heft 9/1956

[11] Rippl, E.: Experimentelle Untersuchungen über Wirkungsgrade und Abreißverhalten von schlanken Kreisdiffusoren. Maschinenbautechnik Heft 5/1956

[12] Albring, W.: Wasserkraftmaschinen I, 3. Lehrbrief für das Fernstudium. Verlag Technik, Berlin, 1956 Seite 158

[13] Vogel, R.: Theoretische und experimentelle Untersuchungen kontinuierlich betriebener Strahlapparate. Vortrag gehalten am I. Polytechn. Tag (19. 6. 56) der T. H. Dresden. Erweiterte Wiedergabe s. Maschinenbautechnik Heft 12/1956

[14] Vogel, R.: Anwendungsmöglichkeiten von Strahlapparaten — Maschinenbautechnik Heft 5/1956

Berichtigungszettel

S. 8, Zeile 16 v. o.

statt „statische“ lies „statistische“

2001/56/I/3 Albring: Strömungslehre

FSC
www.fsc.org
MIX
Papier | Fördert gute Waldnutzung
FSC® C083411

Kolibri 360 GmbH
Ferdinand-Jühlke-Straße 7
99095 Erfurt, Deutschland
produktsicherheit@kolibri360.de